VOYAGES AÉRIENS AU LONG COURS

LES COMMUNICATIONS

ENTRE

LA FRANCE ET LA RUSSIE

EN CAS DE GUERRE EUROPÉENNE

PAR

E. DEBURAUX

CAPITAINE DU GÉNIE

Extrait de la *Revue du Génie militaire*.

BERGER-LEVRAULT & Cie, LIBRAIRES-ÉDITEURS

PARIS — RUE DES BEAUX-ARTS, 5 | NANCY — RUE DES GLACIS, 18

1894

VOYAGES AÉRIENS AU LONG COURS

LES COMMUNICATIONS

ENTRE

LA FRANCE ET LA RUSSIE

EN CAS DE GUERRE EUROPÉENNE

(PL. I.)

Une grande guerre européenne éclatant dans les dernières années de ce siècle pourrait amener la France et la Russie à unir leurs armes contre des adversaires communs dont les territoires alliés séparent complètement les deux pays.

Si, dès les premiers jours de la lutte, la fortune des armes assure sur mer la suprématie aux deux puissances unies les communications resteront établies entre elles au moyen de leurs vaisseaux qui iront librement des ports de l'Océan et de la Manche à ceux de la Baltique.

Si au contraire leurs flottes battues sur mer sont obligées de demeurer près des côtes, non seulement toute communication par voie d'eau deviendra impossible entre la France et la Russie, mais encore les escadres adverses pourront rechercher et couper les câbles sous-marins qui les unissent et supprimer ainsi tous les moyens de correspondance des deux alliées.

Cet isolement de la France et de la Russie au début d'une campagne porterait un coup sensible à leurs opérations sur terre et serait tout au moins d'un effet désastreux sur le moral de leurs populations. Chacune à l'une des extrémités de l'Europe, les deux nations se trouveraient comme bloquées, dans la situation d'une ville assiégée dont les relations avec les autres parties du territoire sont suspendues.

Dans cette éventualité, les voies de terre et de mer étant interdites aux deux gouvernements pour rester en rapport, ils n'auront plus à leur disposition qu'un chemin libre : celui des airs.

Cette voie toujours ouverte pourra-t-elle être utilisée au moyen de pigeons voyageurs porteurs de dépêches chiffrées ?

Cela semble bien difficile, sinon impossible. Les pigeons voyageurs ne peuvent, en effet, être employés comme messagers entre deux localités qu'à la condition d'avoir subi entre elles un entraînement méthodique. Lâchés en un lieu quelconque, à une grande distance de leur colombier, les pigeons voyageurs ne reviennent le plus souvent pas au gîte ; ils ne retrouvent pas la direction à suivre ou se perdent en route. Le sens d'orientation à travers un pays parcouru par eux pour la première fois ne semble pas excéder une trentaine de kilomètres ; aussi ne peut-on espérer les voir franchir du premier coup la distance considérable de trois cents lieues qui sépare des Vosges les frontières les plus proches de la Pologne russe.

Pour utiliser comme porteur de dépêches un pigeon, on doit restreindre son emploi à une ou deux directions au plus. Dans ces directions, on l'entraîne par étapes de plus en plus longues, en le lâchant successivement à vingt, quarante, soixante kilomètres de son colombier. Chaque fois il revient, retrouvant à six ou sept lieues de son lâcher un pays déjà connu de lui ; mais si brusquement on le transporte à une centaine de kilomètres de son gîte, dans une orientation qu'il ne connaît pas pour l'avoir déjà parcourue en partie, il est tout à fait exceptionnel de le voir revenir et il n'existe pas d'exemple de pigeon lâché à une distance d'une centaine de lieues sans entraînement préalable qui soit revenu à son colombier.

On ne saurait donc compter sur des pigeons français non entraînés dans la direction de la Pologne pour rapporter en France les dépêches qui leur auraient été confiées en Russie. Même si un entraînement méthodique de ces animaux était fait entre notre patrie et la Russie on ne pourrait fonder d'espérance pour exécuter le parcours énorme de l'un à l'autre pays que sur des sujets tout à fait exceptionnels, en nombre par conséquent très restreint. Voulût-on en tenter l'épreuve, cet entraînement serait irréalisable. Les points où devraient s'effectuer les lâchers sont en effet en presque totalité situés en Allemagne ou en Autriche, et les gouvernements de ces deux puissances comprennent trop bien leur intérêt pour ne pas s'opposer par une surveillance relativement facile à tout essai de ce genre.

On ne peut donc songer à utiliser le concours des pigeons voyageurs pour servir par la route de l'air de trait d'union entre la Russie et la France. Il faut chercher un autre mode d'utilisation de cette voie qui restera la seule ouverte en cas d'insuccès sur mer de nos armes et de celles de nos alliés.

Pendant la guerre de 1870-1871, Paris assiégé est resté en communication avec les armées françaises de province au moyen d'aérostats non dirigeables qui, se laissant porter par le vent, franchissaient les lignes d'investissement pour aller tomber sur les portions du territoire non envahies. Des tentatives même furent faites à cette époque pour rentrer dans la capitale bloquée au moyen de ballons libres confiés aux courants aériens. La faible étendue relative de la zone investie ne permit pas à ces essais d'aboutir.

Aujourd'hui d'importants progrès ont été accomplis dans la science aérostatique et la grande longueur des frontières de la Russie et de la France pourrait permettre à un aérostat partant de l'un de ces pays de chercher à atteindre l'autre après un voyage de quelques centaines de kilomètres au-dessus de contrées dont l'accès est interdit par la présence de l'ennemi.

Bien que les aérostats dirigeables existent, au moins en France, et soient capables en temps de guerre de rendre des services signalés en allant planer au-dessus des lignes ennemies, ils ne sauraient entreprendre un parcours aussi long avec leurs seules forces et sans se réapprovisionner plusieurs fois pendant la route en hydrogène et en combustible. Les aérostats dirigeables du type *la France* dont les excursions couronnées de succès ont permis de constater la navigabilité et la gouvernabilité, aérostats très perfectionnés depuis tant dans la constitution de leur carène que dans l'agencement et la puissance de leurs moteurs et dont la mobilisation et la mise en œuvre en cas de guerre serait l'affaire de quelques jours, de quelques heures peut-être, seront certes en état de rendre des services plus grands encore que ceux dont les essais du ballon dirigeable *la France* avaient donne l'espoir à l'aube des travaux dans la recherche de la navigation aérienne; mais, malgré toutes leurs perfections, ces aérostats ne sauraient tenir en l'air plus de quelques heures sans se réapprovisionner, ils ne peuvent actuellement parcourir plus d'une centaine de kilomètres sans reprendre terre. Il est donc impossible de songer à les utiliser pour aller de France en Russie sous le simple effort de leurs hélices.

Force est de chercher la solution des communications aériennes entre les deux pays en temps de guerre dans une utilisation convenable des courants aériens portant un ballon libre non dirigeable vers le but à atteindre. On revient ainsi à l'ancienne méthode employée au siège de Paris, mais en l'appliquant à des voyages de plus longues durées ce qu'autorisent les perfectionnements apportés depuis cette époque au matériel aérostatique qui, à vrai dire, en 1870 n'existait pas et se créait au fur et à mesure des besoins par une improvisation des plus défectueuses tant au point de vue conception qu'au point de vue exécution.

Une étude raisonnée du régime des courants aériens de l'atmosphère au-dessus de l'Europe peut seule amener à découvrir si de semblables tentatives sont susceptibles de réussir et dans quelle proportion. Leurs chances de réussite une fois établies suffisantes, et seulement alors, il sera permis de passer à la recherche du matériel le plus propre à l'utilisation parfaite de ces courants aériens.

I

La distance qui sépare Nancy de la Pologne russe est à vol d'oiseau de 870 km. Or, les vents ont en Europe une vitesse moyenne de 25 km à l'heure, et les vents de 35 km sont les plus fréquents à la surface de ce continent à travers lequel ils soufflent le plus souvent avec une assez grande persistance. Un ballon libre, lâché à Nancy et porté par un vent de 25 km dans la direction de la Pologne russe, mettrait donc 35 heures à l'atteindre; aidé du courant le plus stable, celui dont la vitesse de déplacement est voisine de 35 km, il accomplirait le même parcours en 25 heures.

En un jour ou un jour et demi au maximum, un aérostat pourrait donc, dans des conditions normales, franchir la distance qui sépare la France de la Russie. Si donc un aérostat partant de Nancy était assuré d'avoir constamment pendant un jour et demi un vent égal ou supérieur en vitesse à la moyenne et soufflant de l'Ouest ou du Sud-Ouest, il pourrait à coup sûr entreprendre ce voyage, certain d'atteindre le but.

Les vents d'Europe se divisent en deux catégories : les vents locaux et les vents généraux. Ces derniers sont les plus fréquents, surtout à une altitude de quelques centaines de mètres au-dessus du sol.

Les vents généraux, faciles à reconnaître à certains caractères infaillibles, continuent leur marche suivant une orientation peu variable sur de grandes étendues de pays et le plus souvent durant plusieurs jours consécutifs. Si parfois des reliefs importants de terrain peuvent faire momentanément et localement varier leur direction dans le voisinage du sol elle demeure immuable à une certaine hauteur, comme on peut s'en assurer à l'inspection des nuages qu'ils charrient. Il est évident, *à priori*, qu'une masse d'air mise en mouvement dans un certain sens par une cause dont l'effet s'est fait sentir sur l'atmosphère souvent très loin du lieu de l'observation n'arrêtera pas brusquement sa marche à quelques kilomètres mais continuera, surtout dans les hautes régions de l'atmosphère où elle ne rencontre aucun obstacle, à naviguer dans le même sens jusqu'à des distances considérables, c'est-à-dire pendant des jours entiers. Un vent d'Ouest, par exemple, soufflant à raison de 30 km à l'heure au-dessus d'un même point du territoire pendant 24 heures sur une largeur de 100 km (largeur très faible si on la compare à l'étendue d'action ordinaire de ces vents généraux), et sur une hauteur de 3 km en moyenne, représente une masse de 216 000 km^3 pesant environ 200 milliards de tonnes. On conçoit qu'une pareille masse se déplaçant avec une vitesse de 30 km à l'heure mette plusieurs jours à éteindre sa vitesse, surtout si l'on songe à la facilité avec laquelle sa fluidité extrême lui permet de tourner les obstacles.

Le Bureau central météorologique de France publie journellement un bulletin de la direction et de la force du vent en un grand nombre de localités en Europe, et l'étude de ce bulletin permet de se rendre compte de cette vérité que les vents généraux de vitesse supérieure à 20 km à l'heure, signalés en un point du continent avec une certaine direction et une certaine force, continuent ordinairement leur route pendant des centaines de kilomètres sans variations importantes dans leur direction et leur force.

Les changements relativement brusques, c'est-à-dire s'effectuant en quelques heures dans l'orientation des vents généraux de vitesse superieure à 20 km à l'heure, donnent lieu à des perturbations atmosphériques dont on est averti à l'avance par une saute brusque du baromètre.

Quand le vent, portant dans la direction de la Russie, aura tous les caractères d'un vent général, c'est-à-dire régnera sur une étendue de pays de plusieurs milliers de kilomètres carrés avec un état du temps et une hauteur de baromètre correspondant à la direction d'où il vient ; quand ce vent possédera une vitesse supérieure à 20 ou 25 km à l'heure à l'altitude des nuages qu'il charriera, vitesse que la rapidité de marche de ces nuages décélera ; quand enfin le baromètre se maintiendra invariable, un aérostat capable de se soutenir deux jours dans l'atmosphère sans dépenser tout son lest pourra s'élever du sol français avec l'assurance d'atteindre avant ce délai la frontière russe. De même, quand au-dessus de la Pologne russe un vent présentant les mêmes caractères portera vers la France, un ballon partant de cette province pourra être certain d'atteindre notre patrie dans les 48 heures.

Même si toutes ces conditions météorologiques avantageuses n'etaient pas exigées pour décider un départ (et c'est en se plaçant dans ce cas plus général qu'ont éte déterminés les voyages hypothétiques décrits plus loin), l'aérostat, se confiant au premier vent de force suffisante le portant dans la direction désirée, aurait encore de nombreuses chances d'arriver tout en n'ayant plus comme précédemment la certitude absolue du succès.

Les courants les plus favorables à utiliser pour se rendre de France en Russie par voie aérienne sont les vents d'Ouest, et pour aller de Russie en France les vents d'Est. Or, ces vents soufflent à l'état de vents généraux persistants un nombre moyen de jours par an qui est de 60 à 65 pour les premiers et de 30 à 35 pour les seconds ; autrement dit, les vents généraux d'Ouest règnent sur l'Europe en moyenne 1 jour sur 6 et les vents d'Est 1 jour sur 12. D'autre part, les vents ayant une vitesse de marche égale ou supérieure à 25 km à l'heure soufflent environ 5 fois sur 8.

.Des vents permettant d'accomplir le trajet de France en Russie par voie aérienne se présenteront donc 1 fois sur 10, et des vents permettant d'exécuter le trajet inverse 1 fois sur 20. Pendant un laps de temps de deux mois, la France pourrait par conséquent envoyer avec succès des messagers aériens à son alliée à six ou sept reprises différentes, tandis que la Russie ne saurait, dans le même temps, lui en renvoyer qu'un nombre moitié moindre.

La probabilité de réussite de la traversée du centre de l'Europe par un aérostat capable de tenir au moins un jour et demi en l'air une fois établie assez grande pour que l'expérience puisse en être tentée sans folie, il est loisible de passer à la recherche, pour ce navire aérien, de la constitution la plus propre à lui assurer le succès. Les éléments de navigabilité du ballon fixés, des bases certaines existeront pour déterminer avec précision la proportion des voyages à présumer heureux.

En passant au-dessus des territoires ennemis, les aéronautes pourront utiliser leur position élevée pour noter ce qui se passe au-dessous de la nacelle et un d'entre eux, tout en établissant le point, c'est-à-dire en relevant sur la carte la marche du ballon au fur et à mesure de sa progression, recueillera des renseignements précieux pour les généraux commandant les armées de son parti. Pendant ce temps, un autre aéronaute se chargera de la conduite du navire aérien. Le nombre des aéronautes de l'équipage devrait donc au maximum être de deux, mais le voyage devant avoir une assez longue durée, il faut prévoir quelques heures de repos en cours de route pour les navigateurs, et il semble nécessaire qu'ils soient au moins trois pour assurer sans fatigue exagérée la conduite du ballon et l'observation du terrain.

Le poids mort provenant de l'equipage atteindra par conséquent environ 220 kg, auxquels il convient d'ajouter une centaine de kilogrammes de dépêches et une trentaine de kilogrammes de vivres et d'instruments, soit au total 350 kg.

Les ascensions exécutées avec des ballons libres permettent d'évaluer au maximum à 0,850 kg par metre carré de surface de l'enveloppe et par 24 heures la perte de lest nécessitée en temps moyen par la manœuvre.

Un ballon de 15 m de diamètre cubant 1 770 m^3 et ayant une surface de 708 m^2, exigerait pour sa conduite en ascension libre pendant deux jours, un maximum de 1 200 kg de lest.

Le poids de l'étoffe vernie du ballon, double à la partie supérieure, simple au-dessous, peut être évaluée à 170 kg.

Le filet, les agrès, la nacelle, l'ancre, etc., pèseraient ensemble près de 220 kg.

L'aérostat, le lest, les voyageurs, les vivres et les dépêches constitueraient donc une charge totale de 1 940 kg.

Or, la force ascensionnelle absolue du gaz contenu dans le ballon (ce gaz étant supposé le plus leger de tous : l'hydrogène) serait d'au moins 1 950 kg.

Un ballon libre de 15 m de diamètre pourrait donc soutenir 48 heures en l'air 100 kg de dépêches et trois aéronautes pourvus des vivres et instruments necessaires à leur traversée.

L'aérostat destiné à un voyage de deux jours emporterait une quantité de lest très supérieure à la moitie de la force ascensionnelle totale de son gaz, et il en résulte l'obligation de le munir d'un appareil rarement en usage à bord des ballons non dirigeables et dont il faut tout d'abord montrer l'emploi nécessaire au cas présent.

Quand un aérostat navigue en ascension libre, il demeure en équilibre indifférent à une certaine hauteur tant qu'une cause extérieure ne vient pas changer ses conditions de stabilité. Si un coup de soleil dilate son gaz, sa force ascensionnelle augmente et le ballon monte jusqu'à ce que, entrant dans des couches d'air de plus en plus raréfiées, son hydrogène, en se dilatant, parvienne à remplir toute la capacité intérieure du ballon ; alors le gaz sort par l'orifice ménagé à cet effet à la partie la plus basse de l'enveloppe et la montée cesse au moment où la quantité de gaz sortie a fait perdre à l'aérostat une force ascensionnelle précisément egale à l'excédent dû au coup de soleil.

Si ensuite une cause d'alourdissement vient à se faire sentir, refroidissement du gaz ou dépôt d'humidité sur l'aérostat, celui-ci descend et l'aéronaute est obligé de jeter du lest pour enrayer sa chute.

Quand cette cause d'alourdissement aura disparu, le ballon, plus léger qu'auparavant par suite de la perte de son lest, montera et dépassera la zone maxima précédente puisqu'il devra perdre à nouveau du gaz, et que le gaz, en moins grande quantité qu'au début de la montée première, aura besoin d'être soumis de la part de l'atmosphère environnante à une dépression plus importante pour arriver à remplir la totalité de l'enveloppe avant de sortir.

Chaque jet nouveau de lest est donc suivi d'une ascension à plus grande hauteur dont il est facile de calculer la valeur pour un délestage donné et, entre autres, à la fin du voyage, moment où l'aérostat ayant dépensé tout son lest atteint l'altitude maxima de son parcours.

En particulier, un ballon de 15 m de diamètre, d'une force ascensionnelle de 1 950 kg, après avoir été délesté de 1 200 kg atteindrait une altitude voisine de 8 000 m.

D'une part, la raréfaction de l'air expose, on le sait, l'existence des aéronautes à de terribles dangers au-dessus de 6 000 m d'altitude ; d'autre part, les dépenses de lest nécessaires pour enrayer la rapidité des descentes croissent avec les hauteurs, il y a donc un double intérêt à empêcher l'aérostat de monter aussi haut, et, à cet effet, il sera de toute nécessité de le munir d'un « ballonnet à air ».

La présence d'une poche à air à l'intérieur du ballon contenant le gaz léger est utile à deux points de vue principaux.

En premier lieu, le ballonnet à air empêche le ballon de se déformer, à la condition qu'on envoie dans sa capacité une quantité d'air égale au volume d'hydrogène sorti, de façon à rendre à l'étoffe du ballon sa rigidité des instants où elle est remplie de gaz. Cette propriété du ballonnet a surtout son utilité à bord des aérostats dirigeables, pour lesquels l'invariabilité des formes est une condition essentielle de navigabilité.

En second lieu, le ballonnet à air sert à rendre aussi faible que l'on veut l'altitude maxima d'équilibre du ballon, c'est-à-dire la hauteur à laquelle, après chaque nouvelle dépense de lest, il est obligé de monter pour donner issue à l'hydrogène momentanément en excédent. Le ballonnet à air ayant, en effet, pour objet de permettre de maintenir le ballon constamment plein, si une cause quelconque augmente la force ascensionnelle, alors que l'orifice qui met le ballonnet en communication avec l'air extérieur est fermé, le gaz sort du ballon aussitôt que celui-ci commence à monter et l'altitude atteinte est très faible. Il en résulte une dépense de lest beaucoup moindre lors de la descente suivante et les economies de lest provenant de l'emploi du ballonnet compensent et au delà le minime excédent de poids (une soixantaine de kilogrammes pour le ballon de 15 m de diamètre) causé par l'adjonction de cet appareil.

Pour remplir le ballonnet, les voyageurs emporteront dans la nacelle une pompe à main légère. A la fin du voyage, ils en utiliseront comme lest les différentes pièces démontées, aussi n'est-il pas nécessaire de faire intervenir le poids de cet instrument en déduction du lest disponible pour la manœuvre, et on peut affirmer sans craindre d'erreur qu'un ballon de 15 m de diamètre, muni d'un ballonnet à air, portant 100 kg de dépêches et monté par trois aéronautes, pourrait exécuter une ascension libre d'au moins 48 heures sans se réapprovisionner en gaz léger.

Le départ de l'aérostat s'effectuera plutôt de nuit ou par un ciel couvert de nuages bas ; ceci dans le but de dérober le navire aérien aux vues de l'ennemi dans la première partie de sa traversée, qui ne saurait s'exécuter à forte altitude sans entraîner une dépense de lest inutile, cause d'abréviation du temps pendant lequel le ballon pourra se soutenir en l'air.

Au matin, le délestage produit par la manœuvre sera assez considérable pour permettre aux aeronautes de se maintenir sans nouveau jet de lest à une altitude voisine de 2 000 m, suffisante pour les mettre à l'abri des projectiles ennemis.

II

On vient de voir qu'un ballon de 15 m de diamètre était capable d'effectuer en ascension libre un voyage de deux jours. Des considérations théoriques ont permis, en outre, de se rendre compte que dans ce laps de temps il serait en état de parcourir à certaines époques la distance qui sépare les frontières russe et française. Il est possible de contrôler pratiquement cette présomption en utilisant les renseignements fournis par les bulletins du Bureau central météorologique de France, qui donnent pour chaque jour, matin et soir, la force du vent et sa direction en un grand nombre de stations de l'Europe.

Grâce à ces renseignements, on peut, en effet, prévoir quel aurait été le parcours d'un aérostat partant à une époque déterminée d'un point quelconque de la carte d'Europe. En ce point, au jour et à l'heure du départ, le bulletin du Bureau central indique la force et la direction du vent, c'est-à-dire l'orientation et la vitesse de marche du ballon libre, ce qui permet de tracer sur la carte un premier elément de son voyage hypothétique. Quelques heures plus tard, l'aérostat, se trouvant à proximité d'une autre station pour laquelle, à cette nouvelle époque, les mêmes renseignements sont fournis par le bulletin, on peut conclure quelles auraient été, à hauteur de ce deuxième point, la nouvelle orientation et la nouvelle vitesse de marche du navire aérien et tracer un nouvel élément de sa route, lequel l'amène à proximité d'une troisième station météorologique. Ainsi, de proche en proche, il est possible de reconstituer avec une absolue précision ce qu'eût été le voyage de l'aérostat a l'époque considérée.

A l'échelle employee par le Bureau central météorologique, la force du vent est indiquée par des chiffres allant de 0 à 9. Chacun de ces chiffres correspond à des vitesses de vent en kilomètres à l'heure comprises entre deux limites rapprochees dont la moyenne a pu être calculée par la comparaison des résultats fournis par deux observatoires du Bureau central météorologique, situés à Paris : l'un au sommet de la tour Eiffel, donnant les vitesses du vent en mètres à la seconde à une altitude de 300 m ; l'autre, non loin du pied de cette tour, donnant au même instant les forces du vent près du sol. Ces moyennes, consignées à la seconde ligne du tableau suivant au-dessous des chiffres de l'échelle en force, représentent les vitesses correspondantes de l'aérostat libre transporté par le courant aerien avec la vitesse même de ce courant qui le baigne de toutes parts.

Force du vent :	0	1	2	3	4	5	6	7	8	9
Vitesse :	0 à 10	13	26	39	52	65	78	91	104	117 km à l'heure.

Ces derniers chiffres indiquant, en fonction de la force du vent près de terre, la vitesse de l'aérostat libre naviguant à 300 m d'altitude, vitesse peu différente de celle du vent entre 200 et 3 000 m, permettent, au moyen des renseignements fournis quotidiennement par le Bureau central météorologique sur la nature des courants aériens en diverses stations, de tracer sur la carte d'Europe la route qu'aurait suivie l'aérostat partant à une date donnée d'un point quelconque de ce continent. Il suffit en effet pour cela de rechercher pour chaque point de l'itinéraire la force du vent dans la région à parcourir, à l'instant où le ballon la parcourt, d'estimer la vitesse de l'aérostat correspondante et de porter la distance ainsi franchie par lui en un temps donné dans la direction vers laquelle porte le vent à partir du dernier point déterminé du parcours. On obtient de cette façon sa nouvelle position au bout de ce temps. En commençant ce travail au point de départ et au jour choisi pour le commencement du voyage, et en le répétant pour chaque point de l'itinéraire toutes les fois que la vitesse ou la direction du vent ont changé, soit par suite du changement de région, soit par suite de la marche du temps, il est facile de tracer avec précision la route qu'eût suivie en réalité l'aérostat libre sous l'influence des vents soufflant à l'époque choisie pour l'exécution du voyage.

III

Cette méthode a permis de tracer (pl. I) les itinéraires d'un certain nombre de voyages hypothétiques qui auraient pu être exécutés entre la France et la Russie et *vice versâ* au cours de deux mois consécutifs de l'année dernière (1893)[1].

Les époques des départs pour ces voyages hypothétiques ont été déterminées en considérant la direction et la force du vent aux points de départ : Nancy en France, Kalisz en Russie, et dans leurs environs tous les jours

1. Les mois choisis sont les derniers parmi ceux qui ont précédé l'exécution de la présente étude, terminée dans les premiers jours de novembre. Ils sont donc absolument quelconques.

successivement du 1er septembre au 23 octobre 1893. On a supposé qu'un lâcher de ballon se serait fait dans l'une ou l'autre de ces villes ceux de ces jours où la force et la direction du vent auraient pu faire présumer possible une traversée de l'Europe centrale par voie aérienne.

Du 1er au 6 septembre, les directions du vent au-dessus de Nancy n'étant pas favorables à un départ dans ces conditions, aucun voyage n'est entrepris en partant de la frontière française.

N° 1. — Le 6 au soir, le vent étant indiqué comme soufflant de l'Ouest à Paris avec une force d'une quarantaine de kilomètres à l'heure, et le lendemain 7 au matin le vent venant à Nancy du Sud-Ouest avec une vitesse moyenne de 52 km, le ballon part de cette dernière ville et atteint les environs de Wiesbaden et Francfort après trois heures de marche. Là, le vent vient toujours du Sud-Ouest, mais sa vitesse est tombée à 10 ou 15 km, et à Berlin, vers lequel se dirige l'aérostat, le vent a tourne à l'Ouest-Sud-Ouest en augmentant de force le lendemain matin 8. Le ballon passe au sud de cette capitale 20 heures environ après son arrivée à Francfort, soit dans la matinée du 8, puis il marche sur Bromberg et Marienwerder avec une vitesse de 25 km à l'heure. Il atteint Marienwerder dans la soirée assez tard, le vent étant au cours de son voyage repassé au Sud-Ouest avec une vitesse inférieure à 15 km. Le soir du 8, dans les environs de Marienwerder, le vent fraîchit beaucoup jusqu'à souffler à raison de 50 km à l'heure, venant toujours de la même direction ; aussi, laissant Kœnigsberg au Nord, l'aérostat atteint la frontière russe non loin du Niémen, 5 à 6 heures après avoir traversé la Vistule.

Partis de Nancy le 7 septembre au matin, les aéronautes arrivent donc en Russie le 9 dans la nuit, 44 à 45 heures après avoir quitté la France.

N° 2. — Le 8 septembre au soir, le vent d'Ouest régnant à Paris et à Nancy avec une vitesse de 40 km à l'heure, le ballon parti de cette dernière ville atteint Carlsruhe en 3 heures.

En tenant compte des variations de direction et de vitesse du vent pour ce parcours et les suivants, comme il a été fait dans la description du premier voyage, on conclut au passage du ballon dans les environs de Prague 8 heures plus tard, à Breslau dans les 6 heures qui suivent, et enfin à la frontière de la Pologne russe 19 heures seulement après le départ de Nancy, les vents s'étant maintenus assez forts au cours du voyage et ayant même atteint au-dessus de la Bavière une vitesse de 78 km à l'heure.

N° 3. — Le 9 septembre dans la soirée, le vent soufflant à Paris du Nord-Ouest avec une force moyenne de 25 km à l'heure, et à Nancy de l'Ouest à raison de 40 km, le ballon part de cette dernière ville, passe près Stuttgart puis Vienne (25 heures après son départ), enfin remontant vers le Nord, atteint en 17 heures la frontière russe près de Cravovie.

Jusqu'au soir du 17 septembre, aucun départ ne semble possible de France, les vents n'étant pas favorables ou trop irréguliers.

Dans la soirée du 17, un vent du Nord-Ouest est signalé à Paris; en même temps, à Nancy, la brise souffle du Sud-Ouest, mais très faible, aussi aucun départ ne semble pouvoir non plus être exécuté avec succès.

Le 18 au matin, le vent soufflant de l'Ouest à Nancy est toujours très faible ; il vient du Sud à Paris.

Dans la nuit suivante et dans la journée du 19, il en est encore de même; les courants restent faibles et très variables à Paris et Nancy.

Enfin, le soir du 19, le vent s'affirme du Sud-Sud-Ouest au-dessus de Paris; à Nancy, il souffle du Sud-Ouest avec une force d'une soixantaine de kilomètres qui paraît devoir croître. Un départ effectué dans ces conditions en se confiant à un courant violent de direction excentrique est évidemment plein d'audace. Cependant, à titre de renseignement, il est intéressant de rechercher ce qu'il fût advenu d'un aérostat partant de Nancy le 19 au soir.

N° 4. — Trois heures plus tard, le ballon serait passé en vue de Francfort. Là, contrairement aux prévisions, le vent ayant diminué tout en conservant la même direction, les environs de Berlin auraient été atteints le 20, 16 heures après le départ de Nancy, et 6 heures plus tard la côte de la Baltique eût été franchie entre les embouchures de l'Oder et de la Vistule. Au-dessus de la mer, le vent tendant à tourner au Sud, le ballon se fût maintenu à peu près à égale distance des côtes russes et suédoises en remontant vers le Nord. A hauteur de l'île de Gottland, la brise tombant et devenant variable, le ballon se fût cependant, quoique lentement, rapproché de la côte russe. Mais la navigation au-dessus des flots de la Baltique durant déjà depuis 24 heures, l'aérostat eût eu sans doute à ce moment dépensé la presque totalité de son lest. Dans le cas contraire, il eût pu espérer atteindre le littoral de la Russie dans la matinée du 22, 60 heures à peu près après son départ de Nancy.

Il est plus vraisemblable de croire que cette quatrième tentative de voyage aérien, procédant d'un départ critiquable, se fût terminée par la perte en mer des aéronautes.

N° 5. — Le 22 septembre au soir, le vent soufflant à Paris de l'Ouest-Sud-Ouest et à Nancy du Sud-Ouest avec une force d'une quarantaine de kilomètres à l'heure, un ballon part et atteint Francfort en 4 heures. Là, le vent ayant tourné à l'Ouest avec une force de 25 km, l'aérostat continue sa route dans la direction de la Bohême, mais en Bavière il remonte vers le Nord-Est avec une vitesse sans cesse décroissante, et, 16 heures après avoir quitté Francfort, passe entre Dresde et Prague continuant dans la même direction jusqu'à l'Oder. Dans le voisinage de ce fleuve, il est saisi par un courant du Sud-Est qui le rejette sur Berlin. Près de cette ville, des sautes de vents passant du Nord-Nord-Ouest à l'Est-Nord-Est le font rétrograder jusqu'à Prague dans l'après-midi du 24, puis un vent du Sud d'une vitesse de 50 km environ le rejette vers l'Oder qu'il atteint en aval de Breslau deux heures après. En ce point, le vent, heureusement fixé à l'Ouest-Sud-Ouest, le pousse vers la Russie avec une rapidité d'une quarantaine de kilomètres et il franchit la frontière russe 4 heures après, dans la soirée du 24.

Le 26 septembre, le vent d'Ouest souffle au-dessus de Nancy avec trop peu de force pour qu'un départ puisse être décidé.

N° 6. — Le 27 au matin, les courants aériens viennent du Sud-Sud-Ouest au-dessus de Paris et de l'Ouest avec une vitesse d'une quarantaine de kilomètres à l'heure au-dessus de Nancy. Le ballon, partant de cette dernière ville, atteint Stuttgart en 3 heures. Là, le vent fraîchissant, il se dirige vers l'Est, puis au-dessus de la Bavière il oblique vers le Nord avec une vitesse décroissante. Le centre de la Bohême est atteint par les aéronautes en 8 heures. En ce point, le vent, très faible, a sauté à l'Ouest; mais, la frontière allemande franchie, il augmente de force en tournant au Sud-Ouest et l'Oder est atteint en amont de Breslau 8 heures plus tard. En trois heures la frontière russe est ensuite dépassée, 22 heures après le départ de Nancy.

N° 7. — Le soir du même jour, 27 septembre, le vent ayant conservé au-dessus de Nancy la même direction et la même force, un autre départ est effectué. La force du vent allant en diminuant, 5 heures sont nécessaires pour atteindre Francfort. Au delà de cette ville, le vent tourne à l'Ouest-Sud-Ouest et sa vitesse augmente. Le ballon traverse la Sprée en amont de Berlin 13 heures plus tard. Là, le vent continuant à tourner jusqu'à souffler de l'Ouest-Nord-Ouest avec une vitesse de 40 km à l'heure, le ballon atteint en 7 heures la frontière russe au sud de Kalisz.

Le 29 au soir, le vent souffle à Nancy du Nord-Ouest avec une vitesse de 40 km à l'heure ; à Paris il souffle du Sud-Sud-Ouest. Il y a là une différence d'orientation trop grande un départ n'est pas à conseiller.

Le 30 au soir, le vent se maintenant du Sud-Sud-Ouest à Paris, a tourné au Sud-Ouest à Nancy en conservant la même force. La persistance du vent du Sud-Sud-Ouest à Paris donne à craindre que le vent, ne continuant sa rotation vers le Sud, ne prenne une orientation peu favorable au voyage, un départ à cette date est donc audacieux. A titre de renseignement, on peut cependant etudier ce qu'il serait advenu d'un aérostat partant de Nancy dans la soirée du 30.

N° 8. — Le ballon eût atteint Wiesbaden en 4 heures. De là, un vent d'Ouest de 25 km eût entraîné les aéronautes en Bohême en 14 heures. La brise, presque nulle aux environs de Prague, passant au Sud-Sud-Ouest le 1er octobre dans la journée avec une force de 50 km, eût poussé le ballon sur l'Oder en aval de Breslau en 4 heures, puis sur la Baltique dont il eût franchi les côtes à l'ouest de Dantzig 10 heures plus tard.

A cette date, au-dessus de cette mer le vent du Sud régnant presque partout, le ballon se fût, selon toute probabilité, perdu en mer avant d'avoir pu atteindre les côtes de Suède.

Dans la matinée du 3 octobre, règne à Nancy un vent du Sud-Ouest de 80 km à l'heure dont la force et l'orientation rendent un départ dangereux.

Le 3 au soir, le vent tombe presque complètement en conservant sa direction. Si cette chute de vitesse avait pu être prévue, il eût donc été avantageux de partir avant midi.

N° 9. — Le 4 au matin, le vent est encore trop faible, mais le 4 au soir il atteint 40 km et le départ a lieu. Le ballon atteint Francfort en 4 heures ; puis, le vent tournant à l'Ouest, l'aérostat vient planer au-dessus de Dresde 13 heures après et, continuant sa route à l'Ouest, arrive dans les environs de Breslau, où un courant du Sud le rejette au Nord. Il passe non loin de la frontière de la Pologne russe le 5 dans l'après-midi. Le 5 au soir, poussé au-dessus du delta de la Vistule, il arrive dans la Baltique à la tombée de la nuit. Là, ballotté par des brises variant du Sud-Sud-Ouest au Sud-Est, il périt faute de lest le lendemain.

N° 10. — Le 9 octobre au soir, le vent soufflant du Sud-Sud-Ouest à Paris et de l'Ouest à Nancy avec une force de 40 km au-dessus de ces deux villes, le ballon parti de Nancy arrive à Stuttgart en 3 heures et demie. Le vent tournant ensuite un peu au Sud-Ouest en fraîchissant, il atteint le centre de Bohême 7 heures après, puis la frontière russe en 6 heures et demie, 17 heures seulement après avoir quitté la France.

N° 11. — Le 12 au soir, un courant du Nord-Ouest pousse le ballon avec une vitesse de 40 km à l'heure dans la direction du lac de Constance, sur les bords duquel il parvient en 9 heures ; là, le vent tournant à l'Ouest, le conduit au sud de Vienne en 13 heures, puis lui fait franchir le Danube près de Buda-Pest 5 heures plus tard. Le vent d'Ouest ayant ensuite fraîchi, la frontière russo-roumaine est atteinte en 7 heures.

N° 12. — Le 14 dans la soirée, le vent soufflant à Paris du Sud-Sud-Ouest et à Nancy de l'Ouest avec une force de 40 km à l'heure, un ballon parti de cette dernière ville parvient à Carlsruhe en 3 heures; puis, poussé par un courant variant du Sud-Ouest au Nord-Ouest en fraîchissant beaucoup, il traverse le sud de la Bohême 7 heures après et arrive en Russie, dans la vallée de la Vistule, en 5 heures, 15 heures seulement après son départ de Nancy.

Le 16 au soir, le vent, bien que soufflant de l'Ouest-Sud-Ouest, ne permet pas le départ par suite de son trop de faiblesse.

N° 13. — Le 17 au matin, il augmente de vitesse jusqu'à atteindre 40 km à l'heure et conduit en 4 heures le ballon à Stuttgart. Là, le courant aérien tendant vers le Sud-Ouest et fraîchissant beaucoup, l'aérostat traverse la Bavière et le nord de la Bohême pour parvenir aux environs de Breslau 14 heures après. A Breslau, le vent soufflant de l'Ouest avec une vitesse de 50 km, le conduit en Russie en moins de 2 heures.

Le 19 octobre, des vents faibles et irréguliers ne permettent pas de départ malgré leur orientation moyenne Ouest-Sud-Ouest. Ensuite et jusqu'au 23 octobre, aucun vent favorable ne se fait sentir à Nancy.

Durant ces deux mois, fertiles en vents d'Ouest au delà des moyennes annuelles, des départs peu fréquents de la Pologne russe pour la France eussent été possibles ; aucun même n'eût semblé raisonnable à exécuter durant le mois de septembre. Trois fois seulement des vents de force suffisante sont signalés par les bulletins du Bureau central météorologique comme ayant eu à Varsovie une tendance à l'Est, les 20, 25 et 29 septembre ; mais à chacune de ces trois dates ces courants venant tous du Sud-Sud-Est, eussent conduit l'aérostat vers la mer Baltique.

Plus tard, deux dates seulement peuvent être indiquées comme susceptibles de donner lieu à des départs : le 30 septembre et le 3 octobre.

N° 14. — Le 30 septembre au soir, le vent soufflant à Varsovie du Sud-Est avec une force de 25 km à l'heure, et à Kalisz avec une vitesse un peu plus grande, un ballon parti de cette dernière ville atteint les environs de Berlin 8 heures après. Près Berlin, le vent plus faible pousse l'aérostat sur Hambourg et le conduit à Lauenbourg en 5 heures. Le 1er octobre au matin, le vent oscille, très faible sans direction fixe, et le ballon bouge peu. Le soir, le courant aérien se fixe au Nord-Nord-Est et entraîne l'aérostat près de Hanovre en 6 heures. Là, le calme des airs est à peu près complet. Le 2 au matin le vent de Sud-Ouest se lève et ramène le ballon sur Berlin à raison de 25 km; puis fraîchissant le fait rétrograder jusqu'au delta de la Vistule. A cette hauteur, il retombe dans le courant du Nord-Nord-Est et est rejeté sur Bromberg. Ballottés entre les deux courants, du Nord venant de la Baltique et du Sud venant de l'intérieur, les aéronautes ayant dépensé tout leur lest sont obligés d'atterrir en Prusse.

N° 15. — Le 3 octobre au matin, le vent souffle à Varsovie de l'Est-Sud-Est avec une vitesse voisine de 25 km. Le ballon, parti de Kalisz, se dirige sur Magdebourg, mais avant d'atteindre cette ville il remonte vers Berlin et Hambourg, entraîné dans le mouvement du courant aérien qui tourne au Sud-Est. Dans la soirée du 3, il passe non loin de Lübeck, s'engage dans le Sleswig-Holstein avec une vitesse de 40 km à l'heure, puis franchit le littoral de la mer du Nord au-dessous de Fano. Le 4 au matin, en pleine mer, il rencontre un courant du Nord-Ouest venant de Norvège et se trouve porté vers les côtes anglaises du comté de Norfolk. Avant de les atteindre, une brise d'Ouest-Sud-Ouest le saisit et le jette en Hollande, où il atterrit.

IV

Comme le faisait prévoir la fréquence des vents d'Ouest au-dessus de l'Europe, durant les deux mois de septembre et d'octobre 1893, aucun voyage aboutissant dans des conditions satisfaisantes n'eût pu être tenté pendant cette période pour aller de Kalisz en France en ballon ; il ne faudrait cependant pas en conclure à l'impossibilité d'accomplir une pareille traversée. La moyenne annuelle du régime aérien de l'Europe est loin, en effet, d'être aussi faible en vents d'Est que l'ont été ces deux mois, et fréquemment ces vents soufflent d'une manière continue pendant plusieurs jours consécutifs à la surface du centre du continent. Ainsi, durant les mois de cette même année, les plus propices aux hostilités, mois de mai et de juin 1893, plusieurs périodes, plus nombreuses même que la moyenne de ce qui se produit ordinairement en Europe, ont été affectées de vents d'Est généraux continus. Ces périodes sont celles des 7, 8, 9, 10 et 11 mai, 20, 21 et 22 mai, 5, 6, 7 et 8 juin, 13, 14 et 15 juin, avec des vents d'Est et Nord-Est accusés nettement par les bulletins du Bureau central météologique comme régnant sur la presque totalité de l'Europe centrale.

Ces vents du Nord-Est et de l'Est sont les plus favorables à un voyage en ballon de Russie en France, et leur absence explique l'impossibilité de réussir à traverser l'Europe centrale de l'Orient à l'Occident durant ces mois de septembre et octobre 1893, pendant lesquels les rares vents de Sud-Est qui seuls se sont fait sentir, eussent entraîné l'aérostat dans la direction de la mer Baltique. Si aux mêmes époques le ballon fût parti d'une ville russe plus méridionale que Kalisz, peut-être fût-il parvenu à atteindre notre patrie sans difficultés. En tous cas, s'il eût tenté le voyage de Kalisz en France pendant une des périodes définies ci-dessus en mai ou en juin, il aurait réussi à coup sûr à traverser l'Europe centrale porté par des vents d'Est et de Nord-Est continus.

Ces quatre périodes n'ont d'ailleurs pas été, durant ces deux mois, les seules pendant lesquelles un voyage de cette nature eût pu réussir. A certains autres jours encore, en mai et juin 1893, le vent d'Est a régné presque uniquement, quoique d'une façon à la vérité peu durable, et les 23 et 24 juin ont été marqués par une succession de courants d'Est et de Sud-Est également utilisables, bien que moins favorables que les courants alternés d'Est et de Nord-Est.

N° 16. — Un aérostat partant, par exemple, de Kalisz

dans la soirée du 7 mai 1893 et profitant du vent d'Est qui regnait sur la partie orientale de l'Allemagne avec une vitesse de 40 à 50 km à l'heure, eût atteint Dessau en 7 heures. De là, continuant sa route à l'Ouest poussé par le même vent, il eût franchi le Harz 4 à 5 heures plus tard. De l'autre côté des montagnes le vent, tournant au Nord-Est, l'eût ensuite conduit en France à travers le duché de Luxembourg en 12 heures et il eût atterri dans le nord du département de Meurthe-et-Moselle 24 heures seulement après avoir quitté la Pologne russe.

Ce simple exemple, facile à répéter en supposant un départ pour un voyage hypothétique analogue successivement pendant chacun des jours des périodes indiquées précédemment, suffit à montrer que la traversée de Russie en France n'est pas impossible à exécuter en ballon, elle est seulement difficile à mener à bonne fin à certaines époques beaucoup plus favorables aux voyages aériens de France en Russie par suite de la prédominance des vents occidentaux. Les mois de septembre et d'octobre pris comme mois d'étude ont présenté ce caractère de surabondance des vents d'Ouest qui eussent permis 11 fois à un ballon d'accomplir heureusement et souvent en moins de 24 heures la traversée de Nancy en Russie. Le nombre moyen probable de parcours possibles vers l'Orient ne dépassant pas pour deux mois 6 à 7, septembre et octobre 1893 ont été exceptionnellement favorables à ce genre de parcours, de même que mai et juin de la même année eussent été particulièrement propres aux voyages aériens de Russie en France, dont la moyenne de 3 à 4 pour deux mois se fût, pendant cette période, trouvée presque doublée, tandis que, comme conséquence naturelle de cette abondance des vents d'Est, la proportion de voyages possibles vers l'Orient se fût trouvée très affaiblie sans cependant devenir nulle, vu la prédominance constante des vents d'Ouest dans le régime aerien de l'Europe.

Comme conclusion, on peut affirmer que la communication par voie aérienne pourrait être établie de France en Russie chaque année et le plus souvent plusieurs fois par mois, tandis que la communication réciproque de Russie en France serait susceptible de subir de longues périodes d'arrêt.

Quant à la probabilité pour qu'aboutît un voyage entrepris dans des conditions donnant lieu au début à des prévisions favorables, on peut, en se basant sur les voyages hypothétiques étudiés précédemment, l'établir égale à 80 p. 100 en moyenne. Autrement dit, les aéronautes partant en temps de guerre dans un ballon libre de 15 m de diamètre pour aller de Russie en France ou de France en Russie auraient à peu près pour eux huit chances de réussir contre une probabilité d'être faits prisonniers et une autre de périr en mer. Leur condition serait donc à peu près la même que celle du soldat sur le champ de bataille, et en risquant leur vie pour rendre à leur pays des services d'une valeur incontestable, ils ne s'exposeraient pas plus que l'humble héros qui ne songe pas à marchander son sang, bien que sa part d'action dans le succès soit des plus minimes.

Paris, janvier 1894.

Nancy, impr. Berger-Levrault et Cie.

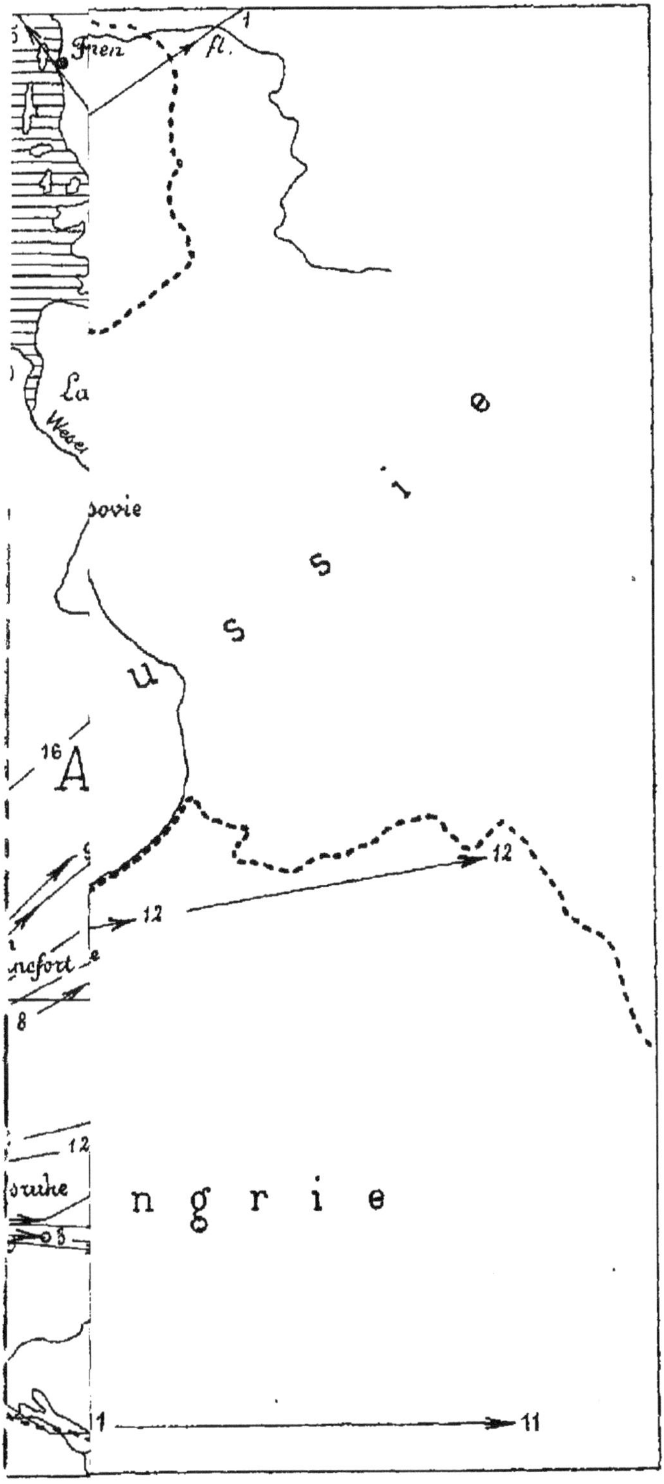
Fren
fl.
La
Weser
sovie
R u s s i e
16
A
12
12
ncfort
8
12
sruhe
3
n g r i e
11
11

ITINERAIRES DES VOYAGES HYPOTHETIQUES

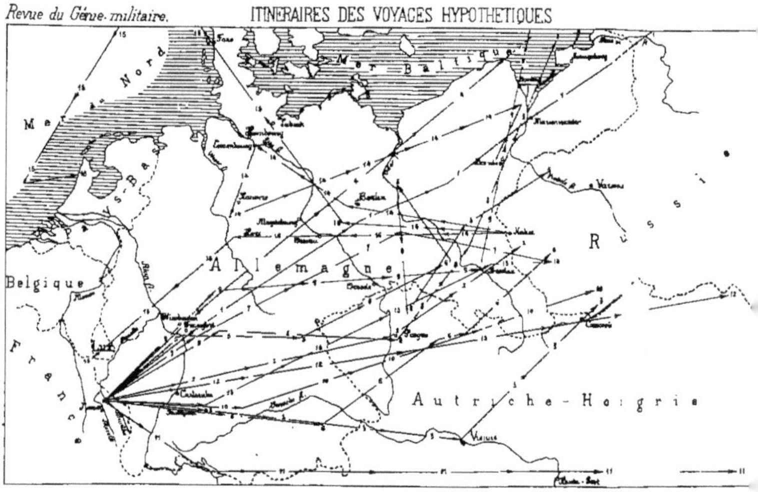

LES TIRS DE GUERRE

ET

L'ORGANISATION DES CHAMPS DE TIR

PAR

M. AUBRAT
CAPITAINE D'ARTILLERIE

Extrait de la *Revue d'artillerie*

BERGER-LEVRAULT & Cie, LIBRAIRES-ÉDITEURS

PARIS
5, RUE DES BEAUX-ARTS

NANCY
18, RUE DES GLACIS

1894

www.ingramcontent.com/pod-product-compliance
Ingram Content Group UK Ltd.
Pitfield, Milton Keynes, MK11 3LW, UK
UKHW032028260826
14628UKWH00006B/2813

9 782019 703509